Derek Battle

Projectos de Energia Renovável em Grande Escala na Liga Nacional de Futebol

Derek Battle

Projectos de Energia Renovável em Grande Escala na Liga Nacional de Futebol

ScienciaScripts

Imprint

Cover image: www.ingimage.com

This book is a translation from the original published under ISBN 978-3-659-89308-7.

Publisher:
Sciencia Scripts
is a trademark of
Dodo Books Indian Ocean Ltd. and OmniScriptum S.R.L publishing group

120 High Road, East Finchley, London, N2 9ED, United Kingdom
Str. Armeneasca 28/1, office 1, Chisinau MD-2012, Republic of Moldova, Europe
Managing Directors: Ieva Konstantinova, Victoria Ursu
info@omniscriptum.com

Printed at: see last page
ISBN: 978-620-8-59342-1

ÍNDICE DE CONTEÚDOS

Resumo

Este trabalho de tese analisa as estratégias da Liga Nacional de Futebol Americano (NFL) para melhorar a sua reputação em termos de esforços ambientais sustentáveis. Atualmente, estão em vigor políticas de compensação de carbono nos estádios da NFL, tendo vários deles adotado também políticas para a utilização de materiais de construção reciclados, a promoção dos transportes públicos, a utilização de água recuperada, a instalação de iluminação eficiente e o desenvolvimento de energia solar no local. No entanto, as equipas da NFL têm total independência na definição de políticas em matéria de sustentabilidade ambiental e existe uma falta de comunicação sobre sustentabilidade por parte da sede da NFL. Consequentemente, existe uma disparidade entre as equipas no que respeita à produção de energias renováveis.

As limitações geográficas, a política e a comunidade local desempenham um papel vital no desenvolvimento de tecnologias renováveis nos estádios - a prática de sustentabilidade em que esta tese se centra. Utilizando os Baltimore Ravens como exemplo, este documento mostra como podem ser desenvolvidos projectos de grande escala em instalações organizacionais para obter benefícios financeiros, ambientais e sociais. São consideradas estratégias para envolver os interesses das partes interessadas e são apresentadas projecções para os estádios da NFL. São ainda exploradas potenciais implementações de uma abordagem de cap and trade a nível da liga.

Capítulo 1. Introdução

1.1 Emissões de dióxido de carbono nos EUA e na NFL

O calor e a eletricidade são serviços que as pessoas e as empresas dos países desenvolvidos tomam como garantidos. Por exemplo, os cidadãos dos Estados Unidos podem esperar chegar a casa e acender as luzes, uma vez que 100% da população tem acesso à eletricidade ("World Bank" n.d.). Apesar da prioridade dada ao calor e à eletricidade, o seu fornecimento pode ser interrompido e a disponibilidade de certos recursos utilizados para os gerar está a diminuir (Perelman, 1980, p.393). Por conseguinte, os meios sustentáveis de produção de calor e eletricidade estão agora em dúvida. Para as nações desenvolvidas como os EUA - o segundo maior emissor mundial de CO2 - existe o desafio adicional de tomar medidas para resolver o problema do dióxido de carbono e das alterações climáticas. Estas medidas incluem a conceção de políticas ou projectos para combater o problema, a recolha do interesse das partes interessadas, o financiamento de propostas e a tomada de medidas.

Os Estados Unidos têm uma apetência energética em constante expansão para responder a múltiplos domínios, incluindo os avanços tecnológicos, o número crescente de actividades que utilizam energia e o crescimento demográfico (Sun, 1998, p.97). Simultaneamente, os EUA estão fortemente dependentes do carvão e do gás natural como principais fontes de energia (Perelman, 1980, p. 392). O potencial do carvão e dos combustíveis fósseis não convencionais para substituírem o petróleo e o gás é limitado devido à procura destes produtos químicos como matérias-primas para a petroquímica (Perelman, 1980, p. 393). Estas fontes não só são finitas em termos de oferta, como também são emissoras de gases com efeito de estufa, que são o principal catalisador das alterações climáticas. Como resultado, os cientistas atestaram a subida do nível do mar, o aumento das secas e os padrões climáticos severos (EPA, 2014, n.p.).

As cidades da NFL extorquem os contribuintes para a construção de estádios. São utilizados milhares de milhões de subsídios, financiados através do dinheiro dos contribuintes, para financiar projectos novos e existentes (Johnson, 2014, p.1). Estes investimentos de vários milhares de milhões de dólares devem ser sustentáveis e responsabilizados devido ao impacto direto que têm nas emissões de carbono e nos estilos de vida individuais. O consumo anual dos estádios em construção custa mais de mil milhões de dólares e utiliza em média 23 milhões de quilowatts por hora (kWh) ("Sustainable Stadiums", 2013, p.1). Este número é utilizado como base de referência para ser multiplicado pelas 32 equipas com estádios na NFL, obtendo-se um consumo anual de 736 milhões de kWh em toda a liga. Em 2014, o consumo de combustíveis fósseis nos EUA foi de $2,3497 \times 10^{13}$ kWh ("EIA", 2015, n.p) e foram emitidas 17,6 toneladas métricas de dióxido de carbono (CO_2) per capita ("World Bank" n.d.). Assim, só os estádios da NFL representaram aproximadamente 0,003% do consumo total de combustíveis fósseis dos EUA em 2014. Esta pequena percentagem é significativa quando os 32 estádios da NFL são comparados com a dimensão dos EUA. Apesar do elevado consumo per capita dos EUA, estas emissões poderiam ser contrabalançadas através do desenvolvimento maciço de energias renováveis. Para atenuar as emissões de CO_2, as empresas influentes têm de capitalizar a sua influência social e liderar os esforços de mudança para fontes de energia sustentáveis do ponto de vista ambiental.

Organizações como a National Football League (NFL) dispõem de redes alargadas que apoiam interna e publicamente os esforços sustentáveis. No entanto, tal como é discutido nesta investigação, a NFL não tem uma agenda clara para abordar a sustentabilidade das utilizações de energia das suas equipas e estádios. Uma agenda a nível da liga pode aumentar a sustentabilidade dos estádios, mantendo as principais prioridades, e proporcionar benefícios secundários à comunidade local.

No entanto, organizações como a NFL, que têm uma enorme influência e meios para reduzir as emissões, têm falhado nesta área. Das 32 equipas da NFL, apenas 10 têm programas ecológicos (Reiche, 2013, p.778). Estas incluem os New York Giants, os New York Jets, os Seattle Seahawks, os Philadelphia Eagles, os New England Patriots, os Houston Texans, os Minnesota Vikings, os St. Louis Rams, os San Francisco 49ers e os Washington Redskins (Reiche, 2013, p.779). Atualmente, a NFL não mantém registos de uma pegada de carbono combinada de todos os estádios e instalações participantes, e a organização pode representar uma pequena parte de todas as emissões de gases com efeito de estufa nos Estados Unidos. No entanto, devido à popularidade do futebol americano, o Super Bowl (que é o programa de televisão mais visto ano após ano nos Estados Unidos) (Babiak, Wolfe, 2006, p.214), a NFL pode criar mudanças ambientais substanciais iniciando os seus próprios esforços sustentáveis.

Infelizmente, a NFL não considera a sustentabilidade como uma área de grande preocupação. O aumento da segurança dos jogadores e os avanços técnicos que melhoram a experiência dos adeptos nos estádios têm prioridade sobre a sustentabilidade. Os avanços na melhoria do tamanho e da qualidade dos jumbotrons e a instalação de redes locais sem fios (WLAn ou Wi-Fi) nos estádios provaram ter prioridade na organização. Em 24 de fevereiro de 2015, os Baltimore Ravens anunciaram que investiram cinco milhões de dólares numa rede Wi-Fi para os adeptos ("Ravens Announce," 2015, n.p.). Embora este seja um avanço importante no estádio, os investimentos renováveis que podem compensar as emissões em mais de 50% poderiam estabelecer um precedente igualmente importante e a base para uma nova direção.

Uma parte do problema da instalação de tecnologias de energia sustentável nos estádios da NFL é a diversidade de questões presentes entre os estádios da NFL. Cada estádio tem a sua própria localização geográfica única, que cria desafios e oportunidades na instalação de energias renováveis. A solução incluirá a capacidade de identificar o conjunto único de problemas de cada estádio com a tecnologia complementar para melhorar a sustentabilidade ambiental. Os estádios não devem abandonar os esforços sustentáveis se uma tecnologia não for compatível com a região geográfica ou com os seus edifícios. Por exemplo, a energia solar é uma caraterística proeminente na renovação de estádios antigos. Esta fonte pode não ser ideal para os Minnesota Vikings devido à falta de exposição solar, mas devido às fortes correntes de vento, compram energia eólica suficiente para compensar 100% da procura de energia do estádio (Reiche, 2013, p.779).

Discute-se se os combustíveis renováveis podem atualmente satisfazer o apetite energético da América. No entanto, a energia alternativa tem de ser encontrada a dada altura, devido ao rápido declínio dos combustíveis fósseis. Podem ser dados pequenos mas importantes passos para responder às necessidades ambientais e económicas da América. As organizações desportivas a nível nacional estão equipadas com financiamento e publicidade para abrir caminho e revolucionar o sector das energias renováveis em grande escala. Fontes como a energia solar, a geotérmica e técnicas de iluminação eficientes podem ser incorporadas nos estádios e instalações auxiliares para incentivar o crescimento das energias renováveis. Assim, a sociedade poderá ver o carácter prático das energias renováveis. Uma vez que os meios de comunicação social prosperam através da transmissão de desportos, e que a televisão infundiu enormes somas de dinheiro no desporto (Eitzen, 2001, p79), mostrar energia sustentável no trabalho pode encorajar o público a apoiar uma mudança para um ambiente mais limpo e um custo energético mais baixo no futuro.

Esta tese está organizada da seguinte forma: a primeira secção lançará as bases da nossa necessidade de nos concentrarmos na energia sustentável e analisará a forma como esta pode ser optimizada nos estádios. A secção seguinte utilizará os Baltimore Ravens e as suas instalações relacionadas como exemplo, explorando as possibilidades da energia solar e da tecnologia geotérmica de esgotos. Após o exemplo, é também apresentada uma avaliação dos impactos económicos, sociais e políticos. Em seguida, é dedicada uma secção à exploração dos atributos de conceção de futuros estádios, como o estádio de Los

Angeles, e são feitas recomendações para a aplicação de um sistema de limitação e comércio a nível da liga. A secção de conclusão reitera o argumento central do documento e resume as conclusões gerais.

1.2 História das iniciativas ecológicas da NFL

Em primeiro lugar, para compreender por que razão os programas ecológicos e as tecnologias sustentáveis estão na vanguarda da indústria, é necessário compreender o que são as alterações climáticas. A mudança climática é definida como uma alteração a longo prazo na distribuição estatística dos padrões climáticos ao longo do tempo, que varia de anos a décadas (Williams, 2008, p.502). As indústrias das nações desenvolvidas floresceram para produzir crescimento económico e melhorias no estilo de vida. Infelizmente, os combustíveis que estão por detrás desta produção são os combustíveis fósseis, que libertam grandes quantidades de CO_2 e metano para a atmosfera (Mastrandrea & Schneider, 2010, p.16). Estes gases são o principal catalisador do efeito de estufa. O efeito de estufa é o processo pelo qual o CO_2 e o metano retêm a radiação solar à medida que esta é reflectida na atmosfera. Assim, os seres humanos têm testemunhado ao longo do tempo alterações climáticas e estão agora a lutar para lidar com as consequências. Agora, os decisores políticos e as partes interessadas estão a conceber formas inovadoras de evitar um desaparecimento catastrófico.

A Super Bowl é um local que a NFL utiliza para atrair a atenção positiva dos media. Assim, o programa ambiental da Super Bowl é muito conhecido pelas suas cinco iniciativas principais.

Estas incluem a gestão de resíduos sólidos, a reutilização de materiais, a recuperação de alimentos, a doação de livros e a redução de gases com efeito de estufa ("Super Bowl XLVI", 2012, n.p.). Além disso, o Super [Bowl] em Nova Orleães, a 4 de fevereiro de 2013, é considerado o jogo mais "verde" da história do Super Bowl. Métodos sustentáveis, como a reciclagem e o estacionamento gratuito com manobrista para bicicletas durante a semana do Super Bowl, ajudaram a cidade a reduzir as emissões ("New Orleans," 2013, n.p.). O consumo estimado de eletricidade dos locais do Super Bowl foi de 4 600 MW, o que resultou em 3,8 milhões de libras de emissões de CO_2 ("New Orleans," 2013, n.p.). Os créditos de carbono representam investimentos para capturar ou remover CO_2 e foram doados para compensar o impacto energético estimado que este jogo teve no ambiente. Embora o sequestro tenha o potencial de atenuar os danos, uma ação tão provocadora poderia ser dispensada se os estádios fossem mais sustentáveis. Os estádios e as instalações que produzem energia a partir de fontes renováveis não necessitam de doar créditos de carbono em resultado da sua produção de energia limpa.

Apesar de a Super Bowl ser um evento gerador de receitas elevadas, nos últimos anos a NFL concebeu métodos adicionais para combater as alterações climáticas. Um dos métodos consiste em partilhar a infraestrutura do estádio com outras equipas desportivas profissionais. Por exemplo, em Miami, há três equipas desportivas profissionais que partilham um estádio. A partilha de instalações elimina o problema de as equipas terem picos de procura ao mesmo tempo, o que reduz drasticamente o consumo de energia. Por exemplo, a rede de energia é explorada aproveitando o pico de procura de duas grandes estruturas em Baltimore quando os Ravens e os Orioles têm jogos ao mesmo tempo. Além disso, algumas equipas promovem os carros eléctricos, fornecendo aos adeptos estações de carregamento elétrico. Além disso, utilizam veículos eléctricos para o transporte do clube e do pessoal das equipas (Davidson, 2007, n.p.). A eficiência energética é outra via que tem sido explorada através da compra de equipamento e iluminação com o selo "Energy Star". Por exemplo, sensores de luz e "telhados frios" para limitar a necessidade de ar condicionado. Além disso, as equipas têm participado na plantação de árvores para compensar as emissões de carbono. Os Houston Texans plantam uma árvore por cada touchdown marcado nos jogos em casa e, em 2009, os Minnesota Vikings plantaram 100 árvores no âmbito da 2.ª semana roxa anual ("Minnesota Vikings", 2009, n.p.)

1.3 Aliança Verde do Desporto

Estes esforços sustentáveis foram incentivados pela Green Sport Alliance.

Desde fevereiro de 2010, esta aliança tem reunido operadores de recintos desportivos, executivos de equipas e cientistas ambientais para desenvolver soluções para os obstáculos ambientais de uma forma rentável. As informações recolhidas são partilhadas entre os membros da aliança, a fim de melhorar a transparência entre as organizações desportivas. Realiza-se anualmente uma cimeira que inclui 273 membros, 128 equipas, 138 recintos e 7 ligas. Entre as equipas notáveis da NFL contam-se os Atlanta Falcons, que têm o presidente da Green Sports Alliance Summit, Scott Jenkins, como diretor-geral ("About the Green Sport Alliance", 2015, n.p.). Por conseguinte, os recintos de Atlanta poderão assistir a melhorias sustentáveis no futuro. Além disso, membros muito conhecidos, como os Baltimore Ravens e os Philadelphia Eagles, são equipas que deram passos significativos em matéria de sustentabilidade.

Como se pode ver, a NFL é um dos principais defensores da implementação de esforços sustentáveis. No entanto, as suas políticas e programas não penetraram em todas as equipas e áreas geográficas da liga. Apenas um terço das equipas participa nos esforços, e algumas das acções empreendidas retratam projectos de menor escala. Para mais informações sobre edifícios sustentáveis, consultar (Bose & Shiladitya, 2013). Em seguida, este documento explorará a forma como os projectos de maior escala obtêm benefícios financeiros e como as limitações geográficas no local podem ser reduzidas.

Capítulo 2. Exemplo de corvos

2.1 *Porquê Baltimore?*

Os Baltimore Ravens foram escolhidos para o estudo de caso devido à localização geográfica da equipa e à sua flexibilidade para se relacionarem com outras infra-estruturas de estádios. O M&T Bank Stadium foi concluído em 1998. A idade das instalações, a localização de Baltimore no meio do Atlântico, os padrões climáticos sazonais e a proximidade da água constituem um forte exemplo de base que pode ser utilizado por outras equipas. Embora os Ravens sejam uma equipa progressista em matéria de sustentabilidade, as iniciativas em curso são projectos de "pequena escala". Um maior crescimento dos projectos sustentáveis tem a capacidade de se materializar em conglomeração com as suas actuais instalações verdes.

O Leadership in Energy and Environmental Design (LEED) é um programa de certificação ecológica que atribui às entidades créditos pela participação em práticas sustentáveis ("LEED", 2015, n.p.). Os créditos podem ser concedidos através de uma variedade de categorias diferentes, por exemplo, eficiência hídrica, materiais e recursos, e infra-estruturas verdes. Os Baltimore Ravens foram a primeira equipa da NFL a receber a classificação "Gold", a mais elevada, para o seu estádio M&T Bank. Receberam esta distinção devido aos seus métodos de redução de 43% de água através da utilização de latrinas sem água, 27% acima da classificação média em termos de eficiência energética e à influência exercida sobre os adeptos e o pessoal no sentido de utilizarem métodos de transporte alternativos quando se deslocam às instalações ("Press Release", 2013, n.p.). Este exemplo impressionante mostra o seu compromisso com o ambiente, que é metade da batalha nas implementações de energias renováveis. Além disso, abre uma avenida para o desenvolvimento e crescimento de mais projectos no futuro.

Os Ravens têm uma localização óptima para infra-estruturas verdes devido aos seus padrões climáticos sazonais e ao acesso à água. As instalações solares são uma instalação extremamente viável neste estádio e nas instalações organizacionais com base na sua localização geográfica. Embora, através de consultas com a administração do estádio, o estádio M&T Bank tenha tido dificuldades para instalar energia solar no local devido à compatibilidade do projeto do estádio e também por causa da parceria com a Maryland Stadium Authority (MSA). Isto representa um obstáculo porque a MSA tem poderes operacionais e mecanismos de financiamento especiais. Por conseguinte, as decisões de projeto para o estádio M&T Bank e para o Camden Yards são tomadas em conjunto, em vez de funcionarem como entidades independentes. Assim, este exemplo engloba uma proposta de instalação de energia fotovoltaica no armazém da B&O junto a Camden Yards e uma cobertura solar sobre um parque de estacionamento que serve o estádio M&T Bank. Através de métodos de financiamento adequados, ambos os edifícios autónomos podem promover a sustentabilidade num sistema harmonizado.

A- Armazém B&O B-Proposta de cobertura solar Imagem tirada do Google Earth

2.2 Armazém PV e B&O

Através de consulta com Roy Sommerhof (Vice-Presidente de Operações do Estádio dos Ravens) e Jeff Provenzano (Vice-Presidente de Operações de Instalações - Camden Yards), foram fornecidos dados para executar um modelo de instalação solar fornecido pelo Center for Energy and Environmental Policy. Para o modelo de armazém, são fornecidos dois cenários com o valor de declinação do Crédito de Energia Solar Renovável (SREC) como variável independente nos projectos. Os SRECs são créditos que existem em estados com Renewable Portfolio Standards, como Maryland. Os créditos podem ser vendidos com base na produção de energia solar e fornecem aos proprietários um incentivo para recuperar o seu investimento através da venda desses créditos. Os preços dos SREC são determinados pelas forças de mercado (oferta e procura) e são projectados para produzir um preço que incentive a instalação para cumprir os padrões RPS estaduais. Este exemplo fornece resultados projectados para os preços actuais dos SREC (comércio de SREC) com uma taxa de depreciação de 4%. Uma análise mais aprofundada da eletricidade solar é descrita em (Bradford, 2006).

2.2.1 Entradas de dados

Quadro 1

Lista de entradas principais	4% SREC Taxa de depreciação
1. Dimensão do conjunto fotovoltaico em kWp	508,20
2. Tipo de módulos (cristalinos, monocristalinos, amorfos)	Cristalino
3. Taxa de degradação do desempenho anual	0.5%
4. Inclinação da matriz	25°
5. Orientação da matriz	Sul
6. Dimensão do inversor em kWp	508.2
7. Custo do sistema fotovoltaico em $/kWp	$3,100
8. Ano de substituição do inversor	13

9. Custos anuais de manutenção em $	$10672.2
10.Custos anuais de seguro em $	$N/A
11.Taxa anual de aumento dos custos em % [por exemplo, para ajustamento da inflação]	2%
12.Custos de substituição do inversor em $/kW	$200
13.Parte do empréstimo no custo do capital em %	70%
14.Taxa de juro do empréstimo em %	6%
15.Duração do empréstimo em anos	10
16.Percentagem do empréstimo para a substituição do inversor no ano 11	70%
17.Taxa de desconto (igual ao custo do capital próprio) em %	12%
18.Taxa combinada incremental de imposto federal e estadual %	40%
19.Método de depreciação do imposto sobre o capital	MACRS 5 anos
20.Período de avaliação em anos	25
21.Descontos ou subsídios estatais ou locais (por exemplo, municipais, de serviços públicos)	-
22.O rendimento dos SRECs é tributável?	Sim
23.Preço SREC para os primeiros 10 anos ($/MWh)	$152
24.Preço SREC para os anos 11 a 20	$105
25.Taxa de eletricidade Aumento anual da taxa	2.5%
26.Taxa de eletricidade (cêntimos/kWh) Preço por batida	13,10 cêntimos/kWh

Dados e pressupostos de (NREL, 2014)

Esta tabela fornece os dados selecionados utilizados para executar um modelo de planeador fotovoltaico no telhado do B&O Warehouse.

Quadro 2

Benefícios		**Custos**	
Poupança na fatura da procura:	$0.00	Custo líquido do capital inicial:	$923,456.52
Poupança na fatura energética:	$796,617.22		
Receitas da venda de energia:	$0.00	Custo de O&M:	$123,583.33
Dedução fiscal:	$517,287.81	Imposto sobre a poupança de facturas:	$318,646.89
Benefícios da redução das emissões:	$0.00		
		Imposto sobre as vendas à rede:	$0.00
SRECs:	$615,077.61		
		Imposto sobre descontos e SRECs:	$246,031.04
		Impostos sobre a propriedade:	$0.00
Total	$1,928,982.63	**Total**	$1,611,717.78
Indicadores de desempenho financeiro			
Valor atual líquido (VAL):	$317,264.85		
Ano de retorno do capital inicial:	6.90		
Rácio benefício-custo (BCR)	1.20		

Análise da produção de energias renováveis

Capacidade do sistema fotovoltaico:	508,20kW dc	Insolação anual inclinada:	4.669.065kW h
Capacidade da bateria:	NA	Produção do sistema (líquida de perdas):	673,680kWh

Resultado do primeiro ano

Mês	Procura original (kW)	Energia original (kWh)	Redução de picos de consumo (kW)	Poupança de energia (kWh)	Geração de energia líquida do sistema (kWh)	Fluxo de energia inversa (kWh)	Poupança na fatura da procura ($)	Poupança na fatura energética ($)	Vendas à rede ($)
janeiro	1,681.0	746,198	150.80	39,528	39,528	0	0	5,178	0
fevereiro	1,643.4	657,020	170.70	43,550	43,550	0	0	5,705	0

março	1,618.3	711,826	215.75	60,073	60,073	0	0	7,870	0
abril	1,623.1	677,238	203.23	66,999	66,999	0	0	8,777	0
maio	1,863.5	756,854	184.58	68,595	68,595	0	0	8,986	0
junho	2,078.7	806,416	197.46	72,751	72,751	0	0	9,530	0
julho	2,242.2	913,672	214.76	70,018	70,018	0	0	9,172	0
agosto	2,232.2	898,152	189.93	65,245	65,245	0	0	8,547	0
setembro	1,977.4	765,928	164.23	57,464	57,464	0	0	7,528	0
outubro	1,671.9	682,168	123.32	55,685	55,685	0	0	7,295	0
novembro	1,510.8	631,479	120.10	38,910	38,910	0	0	5,097	0
dezembro	1,630.5	711,971	122.82	34,863	34,863	0	0	4,567	0
Total	21,772.9	8,958,922	2,057.69	673,680	673,680	0	0	88,252	0

2.2.2 Saídas selecionadas

Figura 1

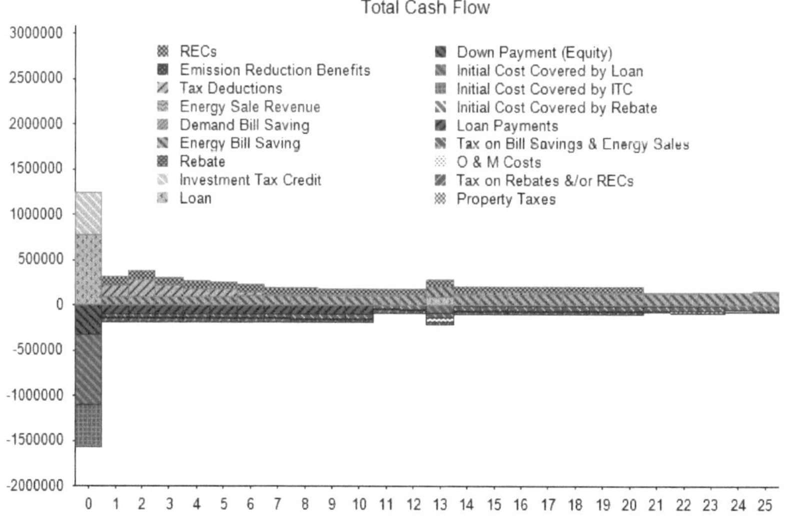

O gráfico do fluxo de caixa total mostra as receitas num período de 25 anos em comparação com as despesas e os empréstimos.

Figura 2

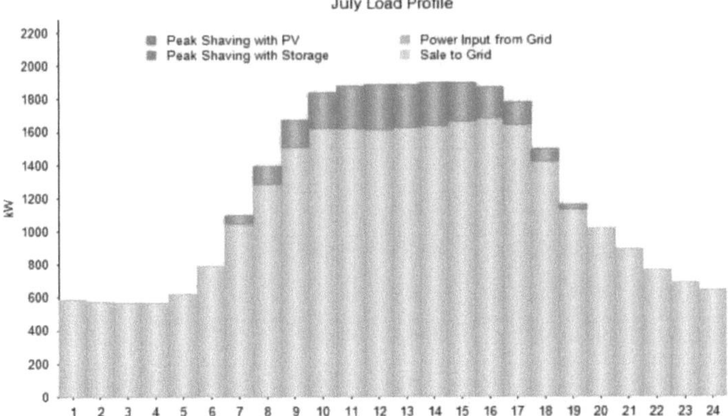

O gráfico mostra a quantidade de energia compensada da rede devido à instalação fotovoltaica durante o mês de julho

2.3 Análise de dados

Os seguintes indicadores de desempenho financeiro podem ser definidos como (Investopedia):

-Valor atual líquido (VAL): A diferença entre o valor atual das entradas de caixa e o valor atual das saídas de caixa. O VAL é utilizado na orçamentação de capital para analisar a rentabilidade de um investimento ou projeto.

-Taxa interna de rendibilidade (TIR): A taxa de desconto frequentemente utilizada na orçamentação de capital que torna o valor atual líquido de todos os fluxos de caixa de um determinado projeto igual a zero. De um modo geral, quanto mais elevada for a taxa interna de rendibilidade de um projeto, mais desejável é a sua realização.

-Ano de recuperação do capital inicial: O período de tempo necessário para recuperar o custo de um investimento.

-Ano de recuperação do capital próprio: O período de tempo necessário para recuperar o custo investido de um proprietário ou valores não emprestados

Rácio custo-benefício: Um rácio para identificar a relação entre o custo e os benefícios de um projeto proposto.

A análise dos indicadores financeiros e dos resultados apresentados no Quadro 2 prova que o projeto deve ser aceite. O VAL é amplamente aceite como um indicador financeiro muito importante para a aceitação do projeto. Este projeto designa uma taxa de retorno exigida de 12%, que é cumprida e também se centrará no VAL. Com base na regra de decisão do VAL, se o VAL for superior a 0, o projeto deve ser aceite (Bereksin, 2015, p.8). Este projeto gera um VAL de $317.264,85 e espera-se que acrescente valor aos proprietários ao longo do tempo. Se o VAL for 0, então os fluxos de entrada do projeto são "exatamente suficientes para reembolsar o capital investido e proporcionar a taxa de retorno exigida" (Bereksin, 2015, p.13). Por conseguinte, os investidores terão um ganho líquido que lhes permitirá lucrar ao longo do tempo enquanto financiam este projeto. Além disso, este projeto tem um retorno de aproximadamente 7 anos, o que mostra o período de tempo até que os $1.611.717,78 iniciais sejam recuperados. Mais importante ainda, os benefícios deste projeto superam o custo, gerando 673.680 kWh de eletricidade a partir de fontes renováveis. Este projeto gera 7,5% da eletricidade a partir da energia solar a um custo inferior ao do sistema Wi-Fi instalado pela Raven. Os indicadores financeiros deste projeto provam que os proprietários irão gerar receitas ao longo do tempo que podem ser utilizadas para outros projectos após os 6,9 anos de retorno do investimento.

2.3 Avaliação do PV de estacionamento

Quadro 3

Lista de entradas principais	
1. Dimensão do painel fotovoltaico em kWp	5.150,75 kWp
2. Tipo de módulos (cristalinos, monocristalinos, amorfos)	Cristalino
3. Taxa de degradação do desempenho anual	0.5%
4. Inclinação da matriz	10°, Rácio de cobertura do solo

	(.8)
5. Orientação da matriz	Sul
6. Dimensão do inversor em kWp	5,150.75
7. Custo do sistema fotovoltaico em $/kWp	$3,100
8. Ano de substituição do inversor	13
9. Custos anuais de manutenção em $	$95,000
10. Custos anuais de seguro em $	$
11. Taxa anual de aumento dos custos em % [por exemplo, para ajustamento da inflação]	2%
12. Custos de substituição de inversores em $/kW	$530
13. Parte do empréstimo no custo do capital em %	70%
14. Taxa de juro do empréstimo em %	6%
15. Duração do empréstimo em anos	10
F16. Percentagem do empréstimo para a substituição do inversor no ano 11	70%
17. Taxa de desconto (igual ao custo do capital próprio) em %	12%
18. Taxa combinada incremental de imposto federal e estadual %	40%
19. Método de amortização do imposto sobre o capital	MACRS 5 anos
20. Período de avaliação em anos	25
21. Descontos ou subvenções estatais ou locais (por exemplo, municipais, de serviços públicos)	250,000
22. O rendimento dos SRECs é tributável?	Sim
23. Preço SREC para os primeiros 10 anos ($/MWh)	$152
24. Preço SREC para os anos 11 a 20	$105
25. Taxa de eletricidade Escalonamento anual da taxa	2.5%
26. Tarifa de eletricidade (cêntimos/kWh) Preço por batida	13,10 cêntimos/kWh

Dados e pressupostos de fNREL, 2014)

Quadro 4

Benefícios		Custos	
Poupança na fatura da procura:	$0.00	Custo líquido do capital inicial:	$9,212,950.37
Poupança na fatura energética:	$8,073,949.82	Custo de O&M:	$2,244,760.15
Receitas da venda de energia:	$0.00	Imposto sobre a poupança de facturas:	$0.00
Dedução fiscal:	$5,601,344.35	Imposto sobre as vendas à rede:	$0.00
Benefícios da redução das	$0.00	Imposto sobre descontos e	$2,536,181.59

emissões:		SRECs:	
SRECs:	$6,340,453.96	Impostos sobre a propriedade:	$0.00
Total	$20,501,379.3	**Total**	$13,925,095.9

Indicadores de desempenho financeiro

Valor atual líquido (VAL):	$$6,576,283.3
Ano de retorno do capital inicial:	4.91
Rácio benefício-custo (BCR)	1.47

Análise da produção de energias renováveis

Capacidade do sistema fotovoltaico:	5.150,75kW dc
Produção do sistema (líquida de perdas):	6.827.946kWh
Produção média diária:	18.706,70kWh

Resultado do primeiro ano

Mês	Procura original (kW)	Energia original (kWh)	Redução de picos de consumo (kW)	Poupança de energia (kWh)	Geração de energia líquida do sistema (kWh)	Fluxo de energia inversa (kWh)	Poupança na fatura da procura ($)	Poupança na fatura energética ($)	Vendas à rede ($)
janeiro	4,315.7	1,915,694	580.53	400,627	400,627	0	0	52,482	0
fevereiro	4,219.0	1,686,751	824.14	441,392	441,392	0	0	57,822	0
março	4,154.5	1,827,451	1,047.11	608,860	608,860	0	0	79,761	0
abril	4,166.9	1,738,656	1,174.06	679,052	679,052	0	0	88,956	0
maio	4,784.2	1,943,052	1,419.41	695,235	695,235	0	0	91,076	0
junho	5,336.6	2,070,289	1,576.79	737,349	737,349	0	0	96,593	0
julho	5,756.2	2,345,646	1,687.67	709,652	709,652	0	0	92,964	0
agosto	5,730.6	2,305,800	1,448.09	661,275	661,275	0	0	86,627	0
setembro	5,076.5	1,966,348	1,084.63	582,410	582,410	0	0	76,296	0
outubro	4,292.3	1,751,311	641.26	564,380	564,380	0	0	73,934	0
novembro	3,878.6	1,621,178	369.31	394,364	394,364	0	0	51,662	0

dezembro	4,185.9	1,827,824	346.66	353,350	353,350	0	0	46,289	0
Total	55,897.0	23,000,000	12,199.67	6,827,946	6,827,946	0	0	894,461	0

Figura 3

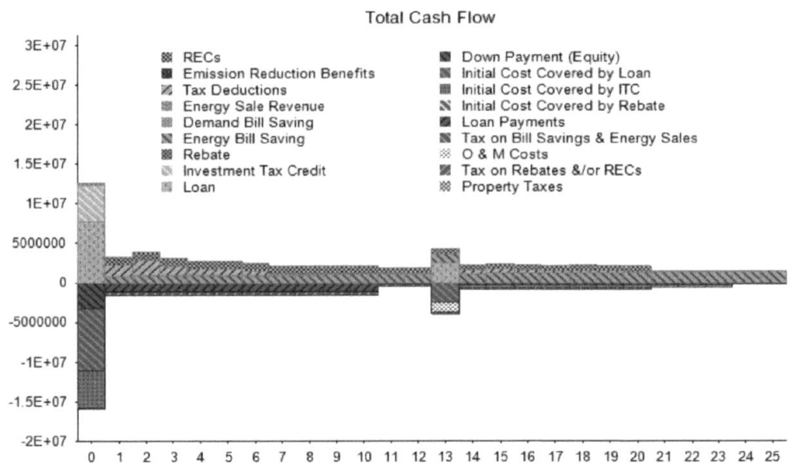

Figura 4

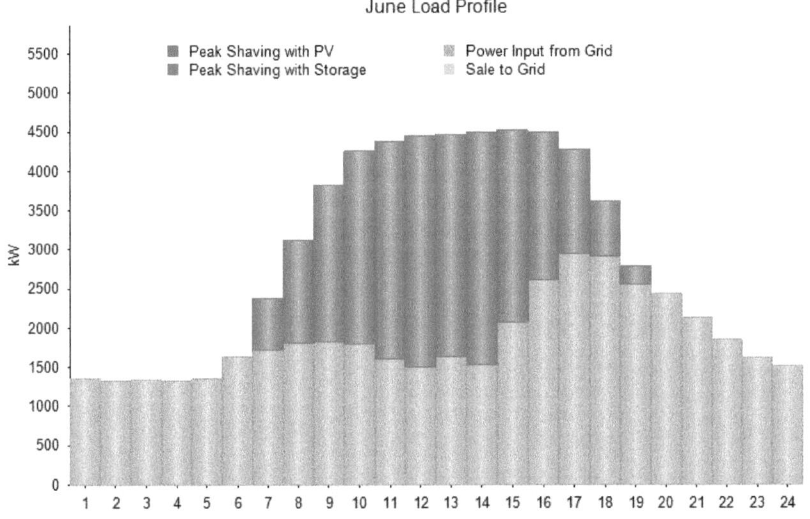

O gráfico mostra a quantidade de energia compensada da rede devido à instalação fotovoltaica durante o mês de junho

2.4 Resultados e comparação

A instalação solar fotovoltaica combina 4 lotes com áreas obtidas a partir do Google Earth. Esta projeção dá uma estimativa do benefício financeiro e da produção renovável, dado que os dados do contador de kWh que estes lotes alimentam utilizam um valor de referência de 23 milhões de kWh. Uma análise mais específica pode ser feita com o consumo real de eletricidade do estádio do M&T Bank. No entanto, utilizando os mesmos critérios que a análise da B&O, a instalação de uma cobertura solar nos parques de estacionamento adjacentes ao estádio M&T Bank é financeiramente aceitável. Este projeto tem um custo de capital mais elevado, de aproximadamente 14 milhões de dólares, mas tem um período de retorno mais curto, de aproximadamente 5 anos. O impacto de redução das emissões deste projeto é significativo, como mostra a Figura 4. Além disso, este projeto gera anualmente 6.827.946 kWh. Isto equivale a cerca de 30% da procura total do estádio. Uma análise comparativa pode ser feita com o Estádio MetLife, que foi concluído em 2012. Este estádio tem um anel solar sobre a passarela com um sistema de 314,3 kWp, e pode gerar 350.000 kWh anualmente ("Sustainability", 2014, n.p,). A sua produção eléctrica é equivalente a

- Retirar 53 automóveis da estrada todos os anos
- Alimentação de 34 casas residenciais médias por ano
- Poupar 30 478 galões de gasolina por ano ("Sustainability", 2014, n.p.).

No entanto, a capacidade de produção renovável projectada através deste exemplo tem o potencial de gerar 19 vezes mais do que o MetLife Stadium e produzirá equivalentes proporcionais. O custo combinado destes dois projectos propostos é de aproximadamente $15 milhões e pode gerar aproximadamente 50% da procura de eletricidade entre estas duas instalações. Combinados com opções de empréstimo, subsídios e incentivos financeiros, projectos desta magnitude são acessíveis e têm um impacto significativo no ambiente através da produção de energia limpa. Por último, este projeto não retoma as vendas à rede, mas como os estádios da NFL só têm picos de procura durante 10 jogos em casa, a rede pode captar energia destas instalações de estacionamento. Assim, os Ravens podem lucrar com a venda de eletricidade à rede, enquanto os edifícios locais que consomem este excesso de energia reconhecem as suas iniciativas sustentáveis.

Capítulo 3. Geotermia de esgotos

3.1 Viabilidade

A geotermia de esgotos é uma tecnologia que aproveita a energia geotérmica através das águas residuais. A NFL também poderia beneficiar da instalação desta fonte renovável em conjunto com a energia solar. Embora a tecnologia seja bem adequada para estações de tratamento de águas residuais, o crescimento disponível noutros edifícios é substancial. As actuais tecnologias de bombas de calor geotérmicas são eficientes do ponto de vista energético, mas o seu custo inicial de instalação é elevado e inviável nas cidades ("NovaThermal", 2010, n.p.). Isto deve-se ao facto de os sistemas tradicionais necessitarem de um grande circuito de tubagem para proporcionar a troca de calor, onde o calor é absorvido ou rejeitado. Para além disso, isto requer a escavação de poços e a colocação de tubos horizontalmente no subsolo ("NovaThermal", 2010, n.p.). Em grandes cidades, como Baltimore, onde há congestionamento, infra-estruturas de construção expansivas e falta de espaço subterrâneo, esta tecnologia apresenta grandes obstáculos. No entanto, esta nova tecnologia baseada em esgotos foi instalada no Departamento de Águas de Filadélfia e na Estação de Comboios de Pequim. Utilizando um circuito fechado, os proprietários de edifícios podem aproveitar uma fonte geotérmica pré-existente (águas residuais) e extrair o calor para fornecer as temperaturas de aquecimento ou arrefecimento desejadas para o sistema AVAC. O sistema está representado na Figura 5.

Figure 5

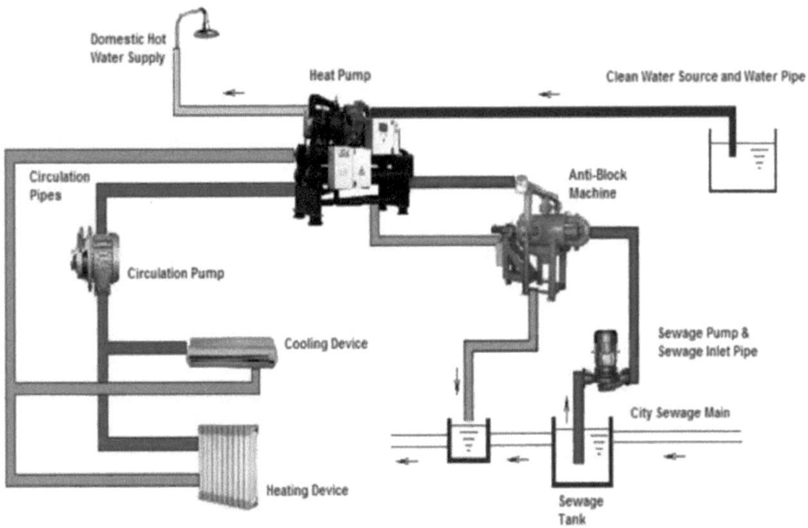

Diagrama de fluxo do sistema geotérmico de esgotos - retirado de

Os New England Patriots têm o seu próprio sistema de água e águas residuais no Gillette Stadium, que abastece o estádio e a área circundante conhecida como Patriot Place. Este sistema está atualmente a servir de modelo para futuros projectos de estádios. Utiliza água tratada de alta qualidade para satisfazer as necessidades do estádio e da comunidade, para além de fornecer água potável, sanitária e de refrigeração ("GilleteStadium", 2015, n.p.). A Natural Systems Utilities e o Gillette Stadium poderiam beneficiar de uma poupança de até 30-60% nos seus custos de aquecimento e arrefecimento através de uma instalação geotérmica de esgotos. Isto também é ideal porque, com a elevada procura nos dias de jogo, a tecnologia tem a capacidade de seguir a curva de energia de um edifício, permitindo o equilíbrio entre os picos de consumo e de consumo ("GilleteStadium", 2015, n.p.).

Devido à falta de infra-estruturas noutros estádios da NFL, muitas equipas podem abster-se de utilizar esta tecnologia. No entanto, muitas cidades que albergam equipas da NFL são construídas nas proximidades de portos, rios, oceanos, baías e lagos. Estes cursos de água fornecem os principais pontos de extração para as linhas de esgotos e são fontes privilegiadas para instalações geotérmicas de esgotos. Uma componente central do presente documento coloca a ênfase na forma como as equipas podem ultrapassar os obstáculos no âmbito das iniciativas de energia sustentável e as cidades com equipas como Nova Orleães, Miami, San Diego, Houston e Baltimore podem prosperar utilizando esta tecnologia. O estádio M&T Bank fica a cerca de 2,1 milhas do Porto Interior de Baltimore e, com esta proximidade, o estádio poderia aproveitar uma linha de esgoto local para aproveitar a energia.

3.2 Tecnologia 101

851 biliões de BTUs de energia térmica percorrem as condutas de esgotos dos EUA por ano. 80% desse valor é energia térmica, que constitui uma importante fonte de energia renovável. A bomba de calor representada na figura 7 utiliza princípios termodinâmicos para utilizar eficientemente energia de alta qualidade para transformar eletricidade em energia térmica. Como as águas residuais são estáveis e homogéneas em termos de temperatura e composição, são capazes de mover a energia térmica na direção oposta ao fluxo espontâneo (Kohl, 2015, n.p.). Uma bomba de calor reversível pode remover o calor dentro de um sistema, despejando-o num dissipador de calor para proporcionar arrefecimento durante o verão (Kohl, 2015, n.p.). O calor nas águas residuais provém de uma multiplicidade de fontes, incluindo máquinas de lavar louça, duches, processos industriais e fezes humanas. Um fator chave no funcionamento da bomba de calor é que deve haver uma diferença favorável entre a fonte de calor e o dissipador de calor (Kohl, 2015, n.p.). As águas residuais são normalmente mantidas entre 10-30°C, a temperatura média do ar ambiente da cidade de Baltimore é de 1,4°C em janeiro e 23,7°C em julho ("Baltimore Average", 2015, n.p.). A diferença de temperatura no inverno é significativa, mas é ligeira no verão, dependendo da temperatura a que as águas residuais são mantidas. O caudal também é muito ponderado e monitorizado porque está diretamente relacionado com a

eficiência da bomba. No entanto, esta é uma tecnologia viável nesta região geográfica graças ao Departamento de Água de Filadélfia (PWD) e à sua tecnologia instalada com sucesso na sua Estação de Tratamento de Águas Residuais do Sudeste (Kohl, 2015, n.p.). Esta tecnologia gera aproximadamente 40% do calor na estação (Kohl, 2015, n.p). Para uma instalação num estádio da NFL, isto é significativo porque uma grande percentagem da área é ao ar livre. É demasiado dispendioso aquecer e arrefecer as áreas de acesso, mas as cabines de imprensa, os gabinetes dos professores, as áreas VIP e os balneários são as áreas necessárias para o AVAC. Para além do fornecimento de AVAC, esta tecnologia também tem a capacidade de enviar água quente para o estádio. Os locais de jogo têm um elevado volume de fluxo de águas residuais devido à afluência de adeptos. Assim, a produção desta tecnologia aumentaria durante os períodos de maior procura.

3.3 Economia

O custo económico total de uma instalação geotérmica de esgotos deve ser encontrado através de um fabricante privado. Uma comparação pode ser feita com a instalação da tecnologia pela PWD a um custo de $240.000 (Kohl, 2015, n.p.). Uma instalação para um estádio da NFL teria uma escala maior e, por conseguinte, um custo de capital mais elevado. No entanto, as economias de escala mostram que esta tecnologia é adequada para grandes edifícios que também têm uma elevada procura de aquecimento e arrefecimento. Poderá haver um custo adicional se a atual infraestrutura de tubagens não for adequada para uma instalação geotérmica. A cidade de Baltimore tem atualmente linhas de esgotos em ruínas; por conseguinte, um projeto desta magnitude poderia ser uma expansão de uma necessidade anterior (Boone, 2003, p. 151). Assim, os custos poderiam ser partilhados entre os serviços públicos locais responsáveis pela manutenção da infraestrutura e os financiadores deste projeto proposto.

Existem várias vias que a organização dos Ravens pode seguir para financiar este projeto.

Em primeiro lugar, através de consultas com a cidade de Baltimore, não existem riscos regulamentares. O sistema não requer qualquer licença municipal especial e aplicam-se as autorizações normais de canalização ("NovaThermal", 2010, n.p.). A organização pode começar por comunicar com o banco M&T, com quem tem um contrato para a atribuição de nomes até 2018. O M&T Bank expressou o seu enfoque comunitário e sustentável. Por exemplo, em 17 de dezembro de 2014, concedeu uma subvenção de 120 000 dólares à Buffalo Community Development ("Buffalo Community", 2014, n.p.). Robert Sadler, presidente do M&T Bank, declarou: "O M&T acredita em assumir compromissos e investimentos significativos e a longo prazo nas comunidades que servimos - e o M&T acredita que Baltimore tem um potencial ilimitado," ("Buffalo Community", 2014, n.p.). O papel de Robert Sadler como parte interessada fundamental, cujas acções passadas demonstram a sua vontade de contribuir para esforços sustentáveis, é significativo no cenário dos Ravens. A direção e os fundamentos que estabeleceu para o banco M&T são altamente benéficos para o financiamento renovável dos Ravens através da aprovação de empréstimos e subvenções.

O aumento da quantidade de energia renovável é um dos objectivos políticos do Estado de Maryland. O estado exige que 20% da energia vendida até ao ano 2022 seja proveniente de fontes de energia renováveis qualificadas. Por conseguinte, a Subvenção para Energia Limpa Comercial

O programa foi disponibilizado aos proprietários de empresas. Este programa concede às grandes instalações comerciais de aquecimento e arrefecimento geotérmico 90 dólares por tonelada (DSIRE, 2015, n.p.). O M&T Bank Stadium qualifica-se para este subsídio e, dependendo da eficiência da bomba de calor instalada, o custo de instalação pode ser significativamente reduzido. Apesar do elevado incentivo, esta subvenção exige que um único projeto não possa receber mais do que uma subvenção.

Uma forma adicional de mitigar os custos é através de um acordo de compra de energia.

Trata-se de um contrato entre fornecedores independentes de energia que precisam de uma via para o capital e organizações comerciais, industriais, institucionais e governamentais que precisam de rentabilizar as operações. As empresas que estão sob contrato podem projetar, construir, operar e manter instalações, o que permitiria aos clientes obter novas fontes de rendimento sem acrescentar despesas adicionais. Esta é uma tática fundamental para o financiamento de novos projectos de energia e uma via potencial para uma instalação geotérmica de esgotos no M&T Bank Stadium.

Por último, o estado de Maryland incentiva as empresas e organizações a investir em energias renováveis através do Crédito Fiscal ao Investimento Energético Empresarial (DSIRE, 2015, n.p.). Este crédito é igual a 10% das despesas de capital e não tem limite máximo. (DSIRE, 2015, n.p.). Para esta instalação não existe data de expiração (DSIRE, 2015, n.p.).

3.4 Desafios e preocupações

Quando se instalam projectos desta envergadura, especialmente em ambientes densamente povoados, podem surgir sérios encargos. É preciso ter em consideração as várias externalidades negativas que acompanham um projeto e também os potenciais contratempos. Em primeiro lugar, é necessário planear o aquecimento de reserva em caso de falha do sistema. A falha pode ser atenuada através da monitorização contínua do caudal e dos fluidos que percorrem os tubos. Flutuações drásticas nestes números podem causar entupimentos e diminuir a eficiência do sistema. Outros desafios incluem a temperatura das águas residuais e a distância do transporte de calor (Kohl, 2015, n.p.). A comunicação e a transparência com a empresa de serviços que monitoriza a temperatura são essenciais durante este processo. Especialmente durante os meses de verão, quando as temperaturas do ar ambiente flutuam perto das temperaturas das águas residuais. No que diz respeito à infraestrutura de tubagem no âmbito da geotermia de águas residuais, a infraestrutura de uma milha para fora e uma milha para trás é uma regra geral para estabelecer parâmetros para o transporte de calor (Kohl, 2015, n.p.).

Outras preocupações relacionadas com a recuperação de calor das águas residuais são o odor, o ruído das bombas de calor e dos refrigeradores, o custo de instalação e as interrupções de serviço. Estas preocupações podem ser perceptíveis, mas todas elas são reais e devem ser abordadas para que o sistema seja bem sucedido. Para combater o ruído ambiental, uma bomba de calor subterrânea poderia ser uma opção e também um grupo gerador arrefecido a água (gerador) poderia ser instalado para abafar o chiller. No entanto, é preciso lembrar que esta tecnologia aumentaria o custo de capital do sistema. Para reduzir o forte odor que está associado aos esgotos, pode ser instalada uma unidade de controlo de odores no final das chaminés. Ao neutralizar o odor do aquecimento e do transporte de águas residuais, Baltimore pode manter o seu ambiente hospitaleiro durante os jogos. A cidade de Vancouver, na Colúmbia Britânica, instalou o Centro de Energia Comunitária para os Jogos Olímpicos de inverno de 2010 com uma tecnologia comparável de esgotos renováveis (Kohl, 2015, n.p.). A satisfação dos adeptos é uma das principais prioridades da NFL; assim, os projectos renováveis que são instalados melhoram ou mantêm os níveis actuais de gratificação.

Este sistema em False Creek é muito maior do que uma instalação recomendada para o estádio M&T Bank, mas os desafios são congruentes. Numa escala maior do que apenas fornecer aquecimento e arrefecimento a um único estádio, o sistema em Vancouver passa pela Neighborhood Energy Utility para fornecer aquecimento ambiente e água quente a uma variedade de edifícios na área da False Creek Olympic Village. A energia captada elimina 60% da poluição causada pelo aquecimento de edifícios (Kohl, 2015, n.p.). Para incorporar o bairro e as partes interessadas locais, False Creek eliminou cinco chaminés de emissões, transformando-as numa obra de arte pública. Embora a redução das emissões ambientais seja o objetivo das tecnologias sustentáveis, não se pode descurar a estética visual e o impacto nas partes interessadas locais. O design em False Creek utiliza as 5 chaminés para ilustrar uma mão humana abstrata com unhas feitas de metal perfurado curvo para simular as unhas no topo (Kohl, 2015, n.p.). Projectores LED eficientes são sincronizados com a energia emitida pela fábrica. Na base das "unhas", as luzes alternam entre azul e vermelho, utilizando a cor para simbolizar a quantidade de energia gerada pela tecnologia.

False Creek Smoke Stacks- Imagem retirada

http://www.tpomag.com/images/uploads/gallery/21945/laguna_geyersalse_creek

Isto cria um ciclo inteligente entre a tecnologia e a comunidade local, porque as pessoas afectam diretamente as substâncias que fluem para as águas residuais e podem ver a eficiência do estádio da sua cidade natal ao verem a cor da tecnologia geotérmica dos esgotos. Esta tecnologia pode claramente apelar a um público diferente do da NFL. Atualmente, a Baltimore School for the Arts é uma das escolas de arte mais prestigiadas do país e a cidade alberga o Artscape. O Artscape é um dos maiores festivais de arte gratuitos das Américas, atraindo mais de 350.000 participantes (Jaukkuri, Maeretta, & Moen, 2001, n.p.). Assim, serão feitas correlações entre arte e desporto, afectando uma variedade de pessoas que reconhecem a NFL e aumentando potencialmente a afluência de adeptos.

Uma maior afluência de adeptos aumenta diretamente as receitas da venda de bilhetes e pode também aumentar a vantagem de jogar em casa durante os jogos.

Podem também ser obtidos ganhos através de uma maior representação das partes interessadas, o que afecta o financiamento e o crescimento da tecnologia. John Elkington cunhou o termo "triple bottom line" em 1994, que incorpora três pilares da sustentabilidade (Mcauley, 2003, p.5415). Estes incluem o ambiental, o financeiro e o social. A geotermia de esgotos é uma tecnologia 100% verde que tem os activos financeiros para ser viável dentro da NFL. O aspeto social que acompanha esta tecnologia é significativo, uma vez que integra o ambiente local. Uma vez que estes três sectores satisfazem as condições de implementação, através de um desenvolvimento concentrado, a geotermia de águas residuais pode crescer na NFL.

Capítulo 4. Impactos e benefícios secundários

4.1 NFL e política governamental

Este documento utilizou anteriormente uma análise comparativa para analisar os benefícios financeiros da implementação de tecnologias renováveis nos estádios da NFL, especificamente no estádio M&T Bank. A economia desempenha um fator importante nas energias renováveis devido ao elevado custo inicial. No entanto, as preocupações políticas e sociais também são fortemente consideradas no processo de tomada de decisão. A Responsabilidade Social das Empresas (RSE) retrata comportamentos que têm importância estratégica para diferentes empresas. A definição é o compromisso de uma empresa em minimizar ou eliminar quaisquer efeitos nocivos na sociedade e maximizar o impacto benéfico a longo prazo (Trendafilova, Sylvia, Babiak, & Heinze, 2013, p.283). Em 2010, um inquérito que estudou as prioridades de RSE na NFL colocou a "preocupação com a segurança dos adeptos" como a principal prioridade. Seguiu-se "a contribuição para programas desportivos para jovens". Em último lugar estava a preocupação com "iniciativas ecológicas ou ambientais". (Reiche,2013, p.779) Isto prova que as equipas tendem a manter-se fiéis à norma tradicional. Para que as necessidades ambientais recebam mais reconhecimento, os factores subjacentes adicionais devem beneficiar através da implementação. Um argumento forte que raramente é transmitido é que as implementações tecnológicas fortes que visam o ambiente podem poupar dinheiro a longo prazo. Este retorno sustentável do investimento a longo prazo aumentará assim o orçamento de capital e os fundos disponíveis que podem ser afectados à segurança dos adeptos, a programas para jovens e a outros avanços nos estádios.

Um dos factores subjacentes que trouxeram o crescimento ambiental para a ribalta é uma componente política. A NFL e os decisores políticos têm um enorme impacto na sociedade americana e partilham uma dependência bidirecional. A NFL precisa de manter uma relação forte com os líderes políticos locais porque os impostos são necessários para investimentos em infra-estruturas, cofinanciamento e publicidade. Por exemplo, foram concedidos cinco mil milhões de dólares à NFL ao abrigo da Lei de Recuperação e Reinvestimento Americana de 2009 (Reiche, 2013, p.771). Esta lei tem um programa de subvenções para energias renováveis que desencadeou o recente crescimento da energia solar na NFL devido à subvenção federal inicial de 30% para a energia fotovoltaica (DSIRE, 2015, N.P.). Este estímulo termina no final de 2016. Isto talvez dê origem a um cenário intrigante que mostra quais as equipas que irão continuar ou terminar os seus esforços sustentáveis. Além disso, os municípios e os serviços públicos oferecem incentivos e financiamento, uma vez que são frequentemente incorporados em contratos de aquisição de energia.

Os governos estão a exigir que as novas instalações desportivas incorporem caraterísticas ecológicas e cumpram normas ambientais específicas. Este facto aumenta ainda mais a reputação e a influência do governo na aplicação das políticas. O governo também tem o poder de denegrir as empresas através dos media e da propaganda. Por exemplo, este facto é ilustrado pela luz negra que foi lançada sobre empresas de longa duração, especificamente a Enron e a Merrill Lynch, durante a recessão no início dos anos 2000 (Spence, 2010, p.40). A imagem e a lealdade à marca são de extrema importância na NFL devido à afluência dos adeptos e à imagem que os meios de comunicação social transmitem. Por conseguinte, as entidades que influenciam estas caraterísticas são tidas com um respeito cordial.

No entanto, os políticos locais têm a mesma consideração pelas organizações desportivas porque os proprietários são frequentemente grandes interessados nas suas campanhas. Os proprietários e os jogadores têm normalmente salários de vários milhões de dólares com os quais podem promover e financiar aspirações políticas se partilharem as mesmas opiniões. Além disso, como já foi referido, os estádios podem ser um ator importante no cumprimento dos planos de ação política. Por exemplo, em 2009, o Governador Schwarzenegger da Califórnia assinou legislação para facilitar a construção do futuro estádio de L.A. (Abdulrahim, 2009,p.1), que tem planos para ser o estádio mais ecológico alguma vez construído. Devido ao plano energético do Governador Schwarzenegger, esta política beneficia ambas as partes envolvidas no projeto em perspetiva. Pelo contrário, quando os proprietários da NFL e os responsáveis locais não chegam a acordo sobre a direção da equipa, a organização tem o poder de mudar de local. A deslocalização dos franchises da NFL pode alterar a identidade de uma cidade, prejudicar a economia local e ser um pesadelo político. Assim, a dependência que a NFL e o governo local partilham entre si é profunda. Devido a esta base ténue, ambas as partes locais devem ter fortes prioridades ambientais, ou o crescimento sustentável permanecerá estagnado.

4.2 Política interna da NFL

O crescimento sustentável na NFL tem sido promovido a partir de um processo top-down. Estes processos são explicados através de textos académicos como (Hare, Stockwell, Flachsland, & Oberthur, 2010). As organizações pioneiras no domínio da sustentabilidade, por exemplo os Patriots e os Eagles, têm proprietários ambiciosos e ricos. Estes estão intrinsecamente motivados para reduzir a pegada de carbono e têm os fundos disponíveis para efetuar os avanços necessários nos estádios. Com as suas visões e a ajuda do National Resource Defense Council (NRDC) e da Environmental Protection Agency (EPA), o Lincoln Financial Field é agora 100% sustentável ("Sustainability Soars at Eagles Stadium.", 2015, n.p.). Esta conquista é um feito incrível, mas existe uma desigualdade entre os esforços sustentáveis dos Eagles e outras equipas que são "pouco adaptadas", tendo apenas programas de reciclagem. Os pressupostos da falta de congruência entre a liga iludem o facto de não existir uma iniciativa a nível da liga (Trendafilova et al., 2013, p.300). O Diretor de Assuntos Comunitários da NFL declarou: "Não temos requisitos. Queremos partilhar informações e fornecer aos clubes as melhores práticas" (Reiche, 2013, p.301). Esta estratégia baseada no mercado livre é ideal para maximizar o potencial de cada estádio, mas quando alguns estão a ficar para trás, é preciso pedir-lhes que cumpram as normas ou serão penalizados.

Além disso, os membros da sede da NFL pretendem promover iniciativas ecológicas, mas no seu sítio Web os dados são escassos. Se a sustentabilidade é um tópico de tendência e crescimento entre várias organizações, então porque é que é um "assunto interno" e não é publicitado. Isto ilustra como a publicidade recebida pelas questões ambientais na sede estabelece um mau precedente para as organizações independentes seguirem. Além disso, as equipas independentes que seguem um modelo de cima para baixo com a sustentabilidade na NFL são análogas ao governo federal e às políticas de alterações climáticas. Por exemplo, as organizações de base e os lobistas têm defendido incentivos ecológicos, uma vez que as políticas de alterações climáticas continuam a ser um tema latente no Congresso. Simultaneamente, as entidades privadas investiram nos seus próprios projectos com a dupla visão de causar impacto ambiental e lucro económico. A NFL ilustrou esta questão numa escala mais pequena, com a sede a servir de "governo" e as equipas independentes a representarem "entidades privadas". A sede da liga não estabeleceu uma base uniforme sustentável e a informação não é partilhada. A falta de um organismo de controlo e a supressão de iniciativas ecológicas permite que as organizações procrastinem o crescimento sustentável enquanto as suas emissões aumentam.

4.3 Impacto social/ecológico

Os últimos elementos que influenciam a viabilidade e a prontidão de uma organização para fazer um investimento em energias renováveis é ter em conta o seu contexto social e ecológico. Os incentivos sociais seguem um padrão político no que diz respeito à forma como um determinado público influencia diretamente a implementação das energias renováveis. Não se trata de uma desvantagem, mas as organizações estão simplesmente a capitalizar as opiniões da comunidade local. Para elaborar, as organizações que possuem uma população que vota na legislação relativa a questões ambientais têm maior probabilidade de implementar infra-estruturas verdes. Para reiterar, um ideal apresentado anteriormente na secção "A NFL e a política governamental", a imagem de marca e a lealdade são cruciais para a prosperidade de uma equipa da NFL. Para manter estas qualidades fortes, uma organização deve conhecer bem a sua base de fãs. Não é irónico que São Francisco e Seattle, duas cidades conhecidas pelas suas iniciativas ecológicas, tenham equipas da NFL com instalações de painéis solares. Os referendos são um instrumento político proeminente a nível estatal. Devido às opiniões sociais nestas áreas, as equipas enfrentaram poucas adversidades com as suas instalações no local (Reiche, 2013, p.780).

Para além de a satisfação do cliente ser uma prioridade máxima, as organizações podem utilizar esforços sustentáveis para expandir as redes e promover um modelo saudável para a cidade. As infra-estruturas renováveis podem percorrer um longo caminho para além do fornecimento direto de eletricidade ou calor a um estádio. Um adepto local pode ficar curioso ou compelido pela nova tecnologia e dizer: "Os Eagles têm painéis solares, talvez deva instalá-los em minha casa." Para além disso, como organização, que é um modelo a seguir a nível nacional, a NFL poderia instalar máquinas de venda automática de produtos orgânicos e saudáveis e iluminação LED em todo o estádio. Isto obrigaria as organizações a estabelecer contactos com fornecedores de alimentos biológicos e a exigir produtos alternativos. Mais importante ainda, a organização está a criar um precedente para uma cidade, a expandir o conhecimento sustentável e, possivelmente, a mudar um modo de vida se os adeptos levarem as práticas ecológicas saudáveis para as suas casas. Em 2013, os estudos mostram que 69% dos artigos escritos sobre a RSE se centraram nas instalações e na sua conceção, construção ou funcionamento ecológicos, e 31% centraram-se em iniciativas de sensibilização da comunidade (Trendafilova et al., 2013, p.300). Embora estudos anteriores indiquem que as preocupações ambientais não são uma prioridade máxima, a representação dos meios de comunicação social é uma vasta fonte que pode partilhar realizações e conhecimentos com a comunidade. Quer o motivo social por detrás do envolvimento da comunidade em esforços sustentáveis tenha sido a melhoria do ambiente da cidade ou o aumento das vendas de bilhetes, foi proporcionada justiça social. Devido ao imenso poder de que dispõem as organizações da NFL, é possível transmitir à comunidade conhecimentos básicos sobre sustentabilidade sem palavras.

Futuro/ Recomendações

Imagem de topo - Projeto do futuro estádio de L.A.
Imagem inferior - Projeto do futuro estádio de Atlanta

Capítulo 5

5.1 Estádios em construção

Os futuros estádios da NFL estão atualmente em fase de construção. Duas das cidades mais proeminentes que têm a construção em curso incluem Atlanta e Los Angeles. Cada um destes projectos de estádio incorpora iniciativas sustentáveis que lhes permitem obter a certificação LEED. Por exemplo, ambas as estruturas utilizarão materiais de construção sustentáveis com alto teor de reciclagem, e também praticarão a conservação da água através do uso de água da chuva e água recuperada ("The Environment", 2010, n.p). A base sustentável que estes estádios estabelecem proporciona otimismo para o futuro. No entanto, edifícios como o estádio de L.A. utilizam energia solar para fornecer 50% da energia dos edifícios ("The Environment", 2010, n.p). O padrão que os Philadelphia Eagles estabeleceram é de 100% de produção de eletricidade a partir de fontes de energia renováveis. A falta de produção de energia renovável é uma regressão sustentável devido ao facto de o orçamento para o futuro estádio de Los Angeles ser de aproximadamente 1,7 mil milhões de dólares (Farmer, 2015, n.p.) e o custo total do Lincoln Financial field (estádio dos Eagles) ter sido de 518 milhões de dólares. Os futuros estádios têm o dobro da capacidade orçamental; por conseguinte, os projectos devem assegurar que os estádios sejam capazes de gerar 100% da sua procura de eletricidade através de fontes de energia renováveis. Ao contrário da sede da NFL, os departamentos de relações públicas destas instalações dedicaram tempo e dinheiro a realçar os esforços sustentáveis no âmbito destes projectos. Isto é retratado pela ênfase colocada na sustentabilidade através dos sites e imagens dos seus estádios. No entanto, os estádios existentes estão a ultrapassar estes futuros planos de locais no que diz respeito à redução de emissões e ao desenvolvimento de energias renováveis em grande escala.

5.2 Limite e incentivo na NFL

A sustentabilidade na NFL pode ser alcançada através de um programa de incentivos e de limites máximos em pequena escala para toda a liga. As organizações já compraram anteriormente créditos de carbono doados por energia eólica. Portanto, há uma familiaridade geral entre as organizações com o comércio de carbono e a compensação de emissões. A implementação de uma abordagem de limite e incentivo permitirá à NFL ser uma organização pioneira em sustentabilidade e, ao mesmo tempo, crescer economicamente. Um programa de limite e incentivo permite que uma quantidade máxima de emissões de gases com efeito de estufa dos estádios e instalações relacionadas seja limitada a um nível definido pela sede. As equipas independentes são atualmente mercados voluntários de energia renovável, mas a regulamentação dos gases com efeito de estufa incentiva ainda mais estas acções voluntárias, ao mesmo tempo que proporciona um crescimento homogéneo em toda a liga.

Uma vez estabelecido o limite de emissões, o limite é reduzido ao longo do tempo para reduzir a quantidade de poluentes libertados ao longo do tempo. Será estabelecida uma percentagem de dedução a nível da liga, na qual as equipas terão de reduzir anualmente as emissões dos seus estádios. Esta percentagem garante a igualdade na comparação entre estádios que tenham registado progressos notáveis em matéria de sustentabilidade. As equipas terão então a flexibilidade de decidir como cumprir os seus limites - implementando iniciativas estratégicas para reduzir as suas próprias emissões. Idealmente, as poupanças que estes projectos produzem continuarão a aumentar a sustentabilidade, embora as receitas possam ser utilizadas para outras prioridades, como a melhoria dos lugares de luxo. Esta tese fornece um exemplo de como os Baltimore Ravens podem implementar energia solar e bombas geotérmicas de esgoto para aquecimento e eletricidade. Estas tecnologias em perspetiva podem satisfazer os créditos de carbono admitidos através da limitação para permitir que as equipas cumpram as suas quotas percentuais.

O Cap and Trade é um mecanismo que não foi implementado a nível nacional. O Nordeste desenvolveu a Iniciativa Regional de Gases com Efeito de Estufa (RGGI) e estão a ser desenvolvidas iniciativas no Oeste e no Centro-Oeste (Bird, Holt, & Carroll, 2008, p. 2063). A RGGI oferece uma opção de política conhecida como "Regra Modelo" (Bird et al., 2008, p.2069), que passou por várias alterações. Algumas das falhas desta política são exemplificadas através do processo de leilão que ocorre durante a atribuição de licenças. A RGGI pretendia utilizar as receitas dos leilões para promover o desenvolvimento das energias renováveis, mas os fundos adicionais foram gastos para equilibrar os orçamentos e para outras necessidades fiscais. Além disso, devido à falta de um órgão de direção, as entidades que participaram no RGGI nem sempre cumpriram os regulamentos. Uma vez que a NFL engloba um grupo mais pequeno de organizações cuja missão principal não inclui esforços sustentáveis, um regime de comércio não é necessário. Através de um sistema tradicional de limite e comércio, as equipas podem comprar créditos a outras organizações como um método fácil de cumprir as normas.

Por conseguinte, este método baseado em incentivos visa os proprietários e a administração que encaram a sustentabilidade como um assunto latente e responsabiliza-os. A NFL pode encontrar formas inovadoras de combinar limites e incentivos através de eventos e processos da liga. Por exemplo, "o estádio com a maior redução de emissões por ano poderia ter ofertas mais elevadas, aumentando a sua probabilidade de acolher a Super Bowl ou a final four do basquetebol universitário. Além disso, os estádios que cumpram as deduções percentuais podem receber uma escolha de cortesia no próximo sorteio. Estes eventos são potenciais fontes de receitas e também têm impacto no sucesso da sua equipa. Eventos como a Super Bowl são atualmente concedidos a estádios mais recentes e a grandes mercados, deixando outras cidades para trás. Com iniciativas como a RGGI a terem uma classificação de sucesso controversa e outros mercados emergentes a não fornecerem quaisquer políticas concretas de limitação e comércio, a NFL tem uma grande oportunidade de desenvolver políticas fortes através de limitações e incentivos como um novo modelo de sucesso.

Em termos gerais, um limite e incentivos é uma abordagem que pode ser desenvolvida na NFL para unificar o crescimento das ligas em termos de sustentabilidade. Simultaneamente, as organizações beneficiarão economicamente e receberão publicidade positiva. Esta estratégia exigirá uma unidade de sustentabilidade dentro da sede que avalie os dados de emissões de cada estádio, defina as deduções percentuais do estádio, emita incentivos e forneça um sistema de controlos e equilíbrios. Nos próximos anos, este mecanismo é uma opção viável para a NFL. Com um terço das equipas a esforçar-se atualmente pela sustentabilidade, os limites e incentivos podem promover o crescimento da NFL, que se tornará uma organização pioneira a nível mundial.

6.0 Conclusão

Esta tese explorou duas vias principais de instalações sustentáveis nas organizações NFL. Os exemplos incluem as tecnologias fotovoltaica e geotérmica de esgotos. O exemplo dos Baltimore Ravens fornece uma análise financeira com indicadores que justificam por que razão este projeto deve ser aceite. Além disso, as reduções de emissões do exemplo fornecido são ilustradas e comparadas com as do estádio MetLife, que adoptou iniciativas ecológicas. A instalação solar, que esta tese incentiva, permitirá ao M&T bank produzir mais eletricidade a partir de fontes renováveis do que o Metlife Stadium e desenvolver ainda mais as actuais iniciativas sustentáveis.

A geotermia de esgotos é outra tecnologia que permite aos estádios compensar as emissões de CO_2. São feitas comparações com instalações anteriores em False Creek, VBC e Filadélfia, PA, com esta nova tecnologia, e um cenário hipotético retrata a viabilidade e o impacto que pode ter no estádio M&T Bank e no seu ambiente local.

Para que estas tecnologias sejam implementadas, deve ser efectuada uma análise tripla, que avalia o efeito de um projeto em vários sectores (económico, ecológico e social). Embora a redução das emissões de CO_2 seja o objetivo da implementação das energias renováveis, podem ser alcançados benefícios secundários. A comunidade local e os actores políticos podem beneficiar de projectos de energias renováveis em grande escala, para além de um ambiente mais limpo. No entanto, uma maior transparência entre as equipas da NFL e um crescimento uniforme são factores que podem permitir a prosperidade de uma multiplicidade de partes interessadas.

No futuro, o programa de limites e incentivos é um programa de que a NFL pode beneficiar devido à sua abordagem direcionada e às diversas compensações que proporciona às equipas. Através da instalação de um programa bem-sucedido de limite e incentivo, a NFL pode reduzir as emissões de CO_2 em toda a liga, estabelecendo um precedente substancial para governos e organizações.

Trabalhos citados

Abdulrahim, R. (2009, 22 de outubro). SUL DA CALIFÓRNIA - ISTO ACABOU DE CHEGAR. Recuperado em 17 de abril de 2015.

Sobre a Green Sport Alliance. (2015). Recuperado em 10 de abril de 2015.

"Preços médios de energia, Washington-Baltimore - outubro de 2014: Escritório de Informações do Meio Atlântico: Gabinete de Estatísticas do Trabalho dos EUA". N.p., n.d. Web. 25 mar. 2015.

Babiak, K., & Wolfe, R. (2006). Mais do que apenas um jogo? Corporate social responsibility and Super Bowl XL. *Sport Marketing Quarterly, 15(4),* 214.

"Temperatura média de Baltimore". *Temperatura média de Baltimore, Maryland.* N.p., n.d. Web. 26 Mar. 2015. <http://www.average-temperature.com/temps/MD/Baltimore>.

Bereksin, F. (Diretor) (2015, 1 de janeiro). Valor Presente Líquido e Outros Critérios de Investimento. *Palestra em sala de aula.* Palestra realizada no Lerner College of Business and Economics, Newark.

Bird, L., Holt, E., & Levenstein Carroll, G. (2008). Implications Of Carbon Cap-and-trade For US Voluntary Renewable Energy Markets [Implicações da limitação e comércio de carbono para os mercados voluntários de energias renováveis dos EUA]. Energy Policy, 36(6), 2063-2073.

Boone, Christopher G. "Obstacles Fto infrastructure provision: the struggle to build comprehensive sewer works in Baltimore." *Historical Geography* 31 (2003): 151-168.

Bose, Pablo Shiladitya. "Building Sustainable Communities: Immigrants and Mobility in Vermont". Research in Transportation Business & Management, 2013, 81-90.

Bradford, Travis. 2006. Solar Revolution: -The Economic Transformation of the Global Energy Industry. Cambridge: The MIT Press

"As agências de desenvolvimento comunitário de Buffalo receberam mais de US $ 120.000 em subsídios do M&T Bank." *As agências de desenvolvimento comunitário de Buffalo receberam mais de US $ 120.000 em subsídios do M&T Bank.* N.p., 17 dez. 2014. Web. 26 mar. 2015.

Carus, Felicity. "How the National Football League Became a Champion of Sustainability." *The Guardian.* N.p., n.d. Web. 4 Mar. 2015.

Davidson, A. (2007, 19 de janeiro). Tornando o Super Bowl mais verde. Recuperado em 10 de abril de 2015, de http://www.forbes.com/2007/01/19/super-bowl-green-sports-biz-cz_ad_0119green.html

(DSIRE, 2015, N.P.) Programas. (2015, 1 de janeiro). Recuperado em 17 de abril de 2015, de http://programs.(DSIRE, 2015, n.p.)usa.org/system/program?state=MD

EitEitzen, D. S. (2001). *O desporto na sociedade contemporânea: An Anthology.* Macmillan

Farmer, S. (2015, 19 de fevereiro). Chargers, Raiders buscarão em conjunto um estádio da NFL em Carson. Recuperado em 15 de abril de 2015.

Hare, W., Stokcwell,C., Flachsland, C., & Oberthur, S. (2010). A arquitetura do regime climático global: A top-down perspective. *Climate Policy,* 600-614. Doi:10.3763

"Http://www.naturalsystemsutilities.com." *Gillette Stadium, Foxborough, Massachusetts - Sistema de Reutilização de Água.* N.p., n.d. Web. 26 Mar. 2015. <http://www.naturalsystemsutilities.com/gillette- stadium-foxborough-massachusetts-water-reuse-system/>. http://www.novathermalenergy.com/systemDiagram.html

Jaukkuri, Maaretta, e Vegar Moen. *Artscape Nordland.* Imprensa, 2001.

Johnson, D. (2014, 4 de setembro). Martelo de ouro: Muitos estádios da NFL construídos nas costas dos contribuintes. Recuperado em 17 de abril de 2015, de http://www.washingtontimes.com/news/2014/sep/4/golden-hammer-nfl-teams-sack-taxpayers- for-footbal/?page=all

Kohl, P. (Diretor) (2015, 6 de janeiro). ENERGIA DISTRITAL E GEOTERMIA DE ESGOTO. *Workshop.*

Palestra realizada na Black & Veatch, Filadélfia.

"LEED | Conselho de Construção Verde dos EUA". N.p., n.d. Web. 25 Mar. 2015.

Mastrandrea, M., & Schneider, S. (2010). Preparing for climate change. Cambridge, Massachusetts: MIT Press.

Mcauley, John W. "Global sustainability and key needs in future automotive design". *Environmental science & technology* 37.23 (2003): 5414-5416.

"Minnesota Vikings | Planet Purple." (2009) N.p., n.d. Web. 25 mar. 2015.

"New Orleans Hosts 'Greenest' Game In Super Bowl History." (2013) N.p., n.d. Web. 4 Mar. 2015.

"NovaThermal Energy". *NovaThermal Energy.* (2010) N.p., n.d. Web. 26 Mar. 2015. <http://www.novathermalenergy.com/>.

NREL, 2014. *Dados de custo e desempenho das tecnologias energéticas*

Perelman, Lewis J. "Speculations on the Transition to Sustainable Energy" [Especulações sobre a transição para a energia sustentável]. *Ética* 90.3 (1980): 392416. Imprimir.

"Comunicado de imprensa: Os Ravens e a Autoridade do Estádio de Maryland são reconhecidos". N.p., n.d. Web. 25 mar. 2015.

Ratten, Vanessa, e Kathy Babiak. "The Role of Social Responsibility, Philanthropy and Entrepreneurship in the Sport Industry" [O Papel da Responsabilidade Social, Filantropia e Empreendedorismo na Indústria do Desporto]. *Journal of Management & Organization* 16.4 (2010): 482-487. Imprimir.

"Ravens anunciam rede Wi-Fi de 5 milhões de dólares para os fãs no M&T Bank Stadium". *baltimoresun.com.* N.p., n.d. Web. 25 mar. 2015.

Reiche, Danyel. "Políticas climáticas nos EUA ao nível das partes interessadas: A Case Study of the National Football League" [Um estudo de caso da Liga Nacional de Futebol]. *Energy Policy* 60 (2013): 775-784. *ScienceDirect.* Web. 23 Feb. 2015.

Spence, M. (2010). *Globalization and growth implications for a post-crisis world [Implicações da globalização e do crescimento para um mundo pós-crise].* Washington, D.C.: Banco Mundial.

Sun, J. (1998). Changes in energy consumption and energy intensity: Um modelo de decomposição completo. *Energy Economics, 20*(1), 85-100.

"Programas de alcance comunitário do Super Bowl XLVI". (2012) *NFL.com.* N.p., Web. 25 Mar. 2015.

Sustentabilidade. (2014, 20 de agosto). Recuperado em 23 de abril de 2015, de http://www.metlifestadium.com/stadium/sustainability

"Sustentabilidade sobe no estádio das águias." (2015) *Urban Green Energy.* N.p., Web. 23 fev. 2015.

Estádios e Arenas Sustentáveis - Gestão de Resíduos. (2013, 1 de janeiro). Recuperado em 17 de abril de 2015, de https://www.wm.com/sustainability-services/documents/insights/Stadiums and Arenas Insight.pdf

O Ambiente. (2010, 1 de janeiro). Recuperado em 15 de abril de 2015, de http://www.losangelesfootballstadium.com/the-environment.html

Os sinais das alterações climáticas. (2014, 1 de janeiro). Recuperado em 17 de abril de 2015, de http://www.epa.gov/climatechange/students/impacts/signs/index.html

Trendafilova, Sylvia, Kathy Babiak e Kathryn Heinze. "Corporate Social Responsibility and Environmental Sustainability: Why Professional Sport Is Greening the Playing Field." *Sport Management Review* 16.3 (2013): 298-313. *ISI Web of Knowledge.* Web.

Administração de Informação sobre Energia dos EUA - EIA - Estatísticas e Análises Independentes. (2015, 1 de janeiro). Recuperado em 17 de abril de 2015, de http://www.eia.gov/totalenergy/

Williams, Angela. "Turning the Tide: Recognizing Climate Change Refugees in International Law". *Law & Policy* 30.4 (2008): 502-529. *Biblioteca Online Wiley.* Web. 22 Jan. 2015.

Banco Mundial (n.d.). Emissões de CO2 (toneladas métricas per capita)

Zimbalist, Andrew. "The Economics of Stadiums, Teams and Cities" [A Economia dos Estádios, Equipas e Cidades]. *Review of Policy Research* 15.1 (1998): 17-29. *Biblioteca on-line da Wiley.* Web. 23 de fevereiro de 2015.

Printed by Books on Demand GmbH, Norderstedt / Germany